essentials

Springer Essentials sind innovative Bücher, die das Wissen von Springer DE in kompaktester Form anhand kleiner, komprimierter Wissensbausteine zur Darstellung bringen. Damit sind sie besonders für die Nutzung auf modernen Tablet-PCs und eBook-Readern geeignet. In der Reihe erscheinen sowohl Originalarbeiten wie auch aktualisierte und hinsichtlich der Textmenge genauestens konzentrierte Bearbeitungen von Texten, die in maßgeblichen, allerdings auch wesentlich umfangreicheren Werken des Springer Verlags an anderer Stelle erscheinen. Die Leser bekommen „self-contained knowledge" in destillierter Form: Die Essenz dessen, worauf es als „State-of-the-Art" in der Praxis und/oder aktueller Fachdiskussion ankommt.

Maria Mulisch

Tissue-Printing

Ein Überblick

Springer Spektrum

Maria Mulisch
Christian-Albrechts-Universität zu Kiel
Deutschland

ISSN 2197-6708　　　　　　　ISSN 2197-6716 (electronic)
ISBN 978-3-658-03866-3　　　ISBN 978-3-658-03867-0 (eBook)
DOI 10.1007/978-3-658-03867-0

Die Deutsche Nationalbibliothek verzeichnet diese Publikation in der Deutschen Nationalbibliografie; detaillierte bibliografische Daten sind im Internet über http://dnb.d-nb.de abrufbar.

Springer Spektrum
© Springer Fachmedien Wiesbaden 2014
Das Werk einschließlich aller seiner Teile ist urheberrechtlich geschützt. Jede Verwertung, die nicht ausdrücklich vom Urheberrechtsgesetz zugelassen ist, bedarf der vorherigen Zustimmung des Verlags. Das gilt insbesondere für Vervielfältigungen, Bearbeitungen, Übersetzungen, Mikroverfilmungen und die Einspeicherung und Verarbeitung in elektronischen Systemen.

Die Wiedergabe von Gebrauchsnamen, Handelsnamen, Warenbezeichnungen usw. in diesem Werk berechtigt auch ohne besondere Kennzeichnung nicht zu der Annahme, dass solche Namen im Sinne der Warenzeichen- und Markenschutz-Gesetzgebung als frei zu betrachten wären und daher von jedermann benutzt werden dürften.

Gedruckt auf säurefreiem und chlorfrei gebleichtem Papier

Springer Spektrum ist eine Marke von Springer DE. Springer DE ist Teil der Fachverlagsgruppe Springer Science+Business Media
www.springer-Spektrum.de

Vorwort

Dieses Werk basiert auf dem Kapitel „Tissue-Printing" aus dem „Romeis – Mikroskopische Technik", herausgegeben von Ulrich Welsch und Maria Mulisch, 18. Aufl. 2010. Der ROMEIS ist seit fast 100 Jahren das Standardwerk der mikroskopischen Technik. Über 17 Aufl. hat dieses Laborhandbuch die Entwicklung der lichtmikroskopischen Verfahren begleitet und ist bis heute ein unverzichtbares Nachschlagewerk für Naturwissenschaftler, Mediziner und Studenten. Die 18. Aufl. des ROMEIS wurde komplett neu verfasst und um moderne Techniken und Anwendungen der Licht- und Elektronenmikroskopie erweitert.

Inhaltsverzeichnis

1 Einleitung 1

2 Generelles Verfahren 3

3 Tissue-Prints mit Hilfe von weichen Gewebeproben 7

4 Färben der Tissue-Prints 9

5 Nachweise an Tissue-Prints 11
   5.1   Western-Tissue-Print 11
   5.2   Northern-Tissue-Print 14
   5.3   Lokalisation von Enzymaktivität am Tissue-Print 15

Literatur 19

Einleitung 1

Tissue-Prints sind Abdrücke von biologischem Gewebe auf Papier- oder Membranfiltern. Auf diesen können Moleküle in biologischen Proben nachgewiesen und lokalisiert werden, ohne die Proben selbst färben, fixieren oder besonders präparieren zu müssen. Tissue-Printing ist eine schnelle und sensible Technik. Sie ist so einfach in der Durchführung, dass sie auch in Kursen für Studenten und Schüler eingesetzt werden kann. In der Forschung, insbesondere im pflanzlichen aber auch im medizinischen Bereich, werden Gewebeabdrücke häufig für Routinenachweise verwendet. Die strukturelle Auflösung ist allerdings geringer als in einem Schnitt.

Nach Entwicklung des Tissue-Printings 1957 durch Daoust (Daoust 1957), der Schnitte auf Substratfilme aus Gelatine oder Stärke aufbrachte, hat sich die Technik insbesondere durch die Einführung von Nitrozellulose- und Nylonmembranen enorm verbreitet. Daneben finden aber auch Polyacrylamidgele, Agarose oder Klebstoff als Trägermaterial Verwendung. Vor allem bei Pflanzen dienen Tissue-Prints zum Nachweis und zur Lokalisation von Viren, Transkripten, Pflanzenhormonen, Ionen, Zuckerresten, Enzymaktivitäten und verschiedenen Proteinen. In der medizinischen Diagnostik kann das Verfahren mit Biopsien durchgeführt werden („Biopsy print"), um beispielsweise Prostata-Karzinome zu identifizieren (Angelucci et al. 2011; Gaston and Upton 2006). Tissue-Prints können auch dazu verwendet werden, Präparationsmethoden für die Licht- oder Elektronenmikroskopie zu optimieren; z. B. kann man mit ihnen den Einfluss von Fixativen und Lösungsmitteln auf die Antigenität überprüfen. Eine Weiterentwicklung des Tissue-Printings stellt zum Beispiel die „Print-Phorese" dar, bei der auf die Membran übertragene Moleküle mittels Gelelektrophorese aufgetrennt und charakterisiert werden (Gaston et al. 2005). Olmos et al. (1996) fanden eine einfache und sensitive Methode zum Nachweis von Viren in Pflanzengeweben, indem sie Tissue-Prints auf Whatman-Papier oder Nylon-Membranen einer PCR unterzogen.

Generelles Verfahren 2

Wird keine detaillierte Abbildung der Gewebestrukturen benötigt, kann man Gewebe einfach anschneiden und die frische Schnittfläche auf Filterpapier oder Membran aufdrücken. Um mehr Details erkennen zu können, werden frische oder gefrorene Gewebeschnitte auf Nylon- oder Nitrozellulosemembranen übertragen. Gelingt dies, ohne dass der Schnitt dabei verschoben wird, entsteht dabei ein genauer Abdruck des entsprechenden Gewebeanschnittes auf der Membran. Dieser kann angefärbt und betrachtet werden. Die aus dem Gewebe ausgetretenen Moleküle haften an der Membran und können z. B. angefärbt oder mit Hilfe von Antikörpern, Enzymreaktionen oder mit Hilfe von RNA- oder DNA-Sonden (Romeis 18. Aufl., 2010) spezifisch sichtbar gemacht und mit Hilfe eines Auflichtmikroskops oder Makroobjektivs dokumentiert werden.

Für relativ feste und dicke Pflanzenteile (z. B. Stängel, verdickte Wurzeln) eignen sich Handschnitte (siehe Romeis, 18. Aufl., 2010) als Ausgangsmaterial für den Tissue-Print. Die Gewebe dürfen nicht zu trocken oder faserig sein. Sehr gute Ergebnisse erzielt selbst der Anfänger mit Sellerie-, Rhabarberstängeln oder Karotten. Weiche Gewebe (z. B. Blüten) stauchen oder verziehen sich zu stark beim Schneiden mit der Rasierklinge; sie werden z. B. in Agar eingebettet und mit dem Vibratom geschnitten. Wenig geeignet für Tissue-Prints sind sehr stärke- oder ölreiche Gewebe, da diese Inhaltsstoffe die Membran verkleben, die nachzuweisenden Moleküle maskieren können und damit deren Nachweise erschweren. Auch stark austretender Saft wirkt sich nachteilig auf die Qualität des Abdrucks aus. Stark nässende Schnitte tupft man daher zunächst auf Filterpapier ab und bringt sie erst dann auf die Membran auf.

Selbstverständlich trägt man bei dem Tissue-Printing Einmalhandschuhe und fasst die Membran nur am Rand mit einer ethanolgereinigten Pinzette an. Ebenso legt man die Membran nur auf eine trockene und saubere Unterlage.

Für den späteren Nachweis von Proteinen durch Antikörper (=Western-Tissue-Print) wählt man normalerweise eine unbehandelte Nitrozellulosemembran für den Tissue-Print. Sollen Zellwandproteine von Pflanzen lokalisiert werden, wird die Membran vor Verwendung für 30 min mit 0,2 M $CaCl_2$ (in H_2O) getränkt und dann getrocknet. Für den Nachweis von Nukleinsäuren (=Northern-Tissue-Print) eignen sich alle Arten von Membranen ohne Vorbehandlung. Wegen der einfachen Handhabung und höherer Sensitivität und Auflösung werden meistens Nylonmembranen eingesetzt.

Die Zusammensetzungen der in den Anleitungen verwendeten Puffer und Blockierlösungen finden sich z. B. im Romeis (18. Aufl., 2010).

Anleitung A1
Anfertigen von Tissue-Prints von festem Pflanzenmaterial

Material
- Pflanzenmaterial
- Whatman-Filterpapier Nr. 1
- glattes Papier
- Nitrozellulose- , Nylon- oder PVDF-Membran
- Schere
- unbenutzte, entfettete Rasierklingen
- stumpfe Pinzette
- Einmalhandschuhe
- saugfähige Papiertücher
- feste, glatte Unterlage (Plastiktablett oder Glasplatte)
- weicher Bleistift (zum Markieren und Beschriften der Prints)
- Stereolupe zum Betrachten

Durchführung

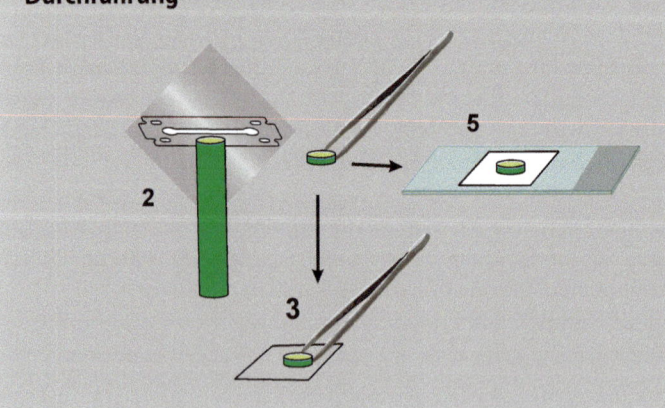

2 Generelles Verfahren

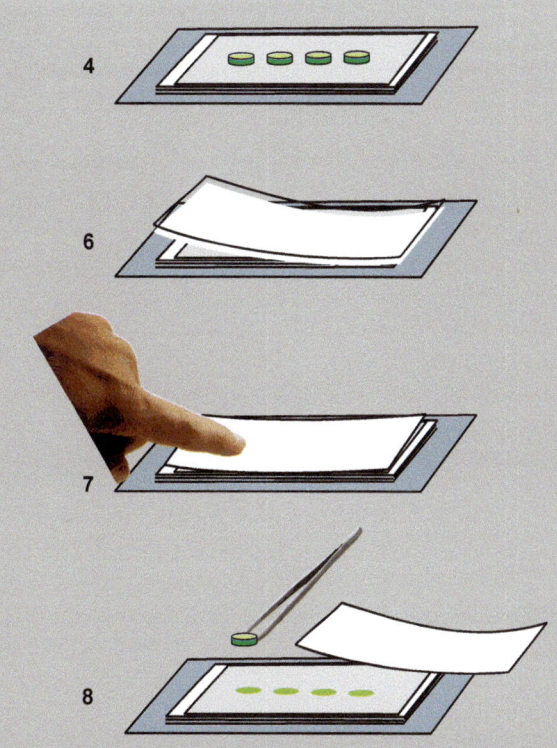

Die Reihenfolge der Schritte in der Schemazeichnung entspricht der im Text beschriebenen

1. Sechs Lagen Filterpapier auf die Unterlage legen, mit einer glatten Papierlage abdecken und darauf die Membran platzieren. Die Größe der verwendeten Membran und des Filterpapiers ist abhängig von der Schnittgröße und der gewünschten Anzahl der Prints. Aus praktischen Gründen wählt man eher kleinere Formate. Die Membran sollte immer etwas kleiner zugeschnitten sein als das Filterpapier
2. mit der Rasierklinge gleichmäßig dünne (0,2–2 mm, je nach Gewebe und Fragestellung) Handschnitte (siehe Romeis, 18. Aufl., 2010) anfertigen
3. jeden Schnitt direkt mit der Pinzette abheben und auf einem separaten Stück saugfähigen Papiers kurz und leicht abtupfen

4. der Schnitt wird mit der abgetupften Seite auf die Membran aufgelegt. Man darf beim Auflegen den Schnitt nicht verziehen und nach dem Auflegen nicht mehr verschieben, um einen klaren Abdruck zu bekommen
5. zum anatomischen Vergleich empfiehlt es sich, zusätzlich Schnitte auf Objektträger zu übertragen und zur mikroskopischen Untersuchung anzufärben (siehe Romeis, 18. Aufl., 2010)
6. nachdem eine Reihe von Schnitten auf die Membran gelegt wurde, bedeckt man sie mit mehreren Lagen von Papiertüchern
7. durch die Abdeckung übt man für 15–20 Sekunden mit dem Finger leichten und gleichmäßigen Druck auf jeden Schnitt aus. Je fester man presst, desto mehr Inhaltsstoffe gelangen auf die Membran und desto dichter aber auch verwaschener kann nachher der Abdruck wirken. Für Immunmarkierungen genügt normalerweise nur ein sehr leichtes Andrücken
8. nachdem alle Schnitte so behandelt sind, entfernt man Abdeckung und Schnitte vorsichtig mit der Pinzette und lässt die Membran trocknen
9. da viele Pflanzengewebe fluoreszierende Inhaltsstoffe haben, kann man deren Abdrücke direkt unter UV-Beleuchtung betrachten. Vor Markierungen von DNA oder RNA sollte man dies jedoch vermeiden. Zum Anfärben dient z. B. Coomassie-Blau (A3). Für den Nachweis von Zellinhaltstoffen (Kapitel 5) werden ungefärbte Tissue-Prints verwendet.

Tissue-Prints mit Hilfe von weichen Gewebeproben

3

Zarte und weiche Gewebe, wie zum Beispiel Blüten oder tierische und menschliche Gewebeproben, lassen sich am besten als Kryostatschnitte (siehe Romeis, 18. Aufl., 2010) für Tissue-Prints verwenden (A2).

Anleitung A2
Anfertigen von Tissue-Prints von Kryostatschnitten

Material
- 5–20 µm Kryostatschnitte
- Nitrozellulose- oder Nylon-Membran
- Schere
- Einmalhandschuhe
- Objektträger
- Gelmount (Sigma-Aldrich)
- weicher Bleistift (zum Markieren und Beschriften der Prints)
- Stereolupe zum Betrachten

Durchführung

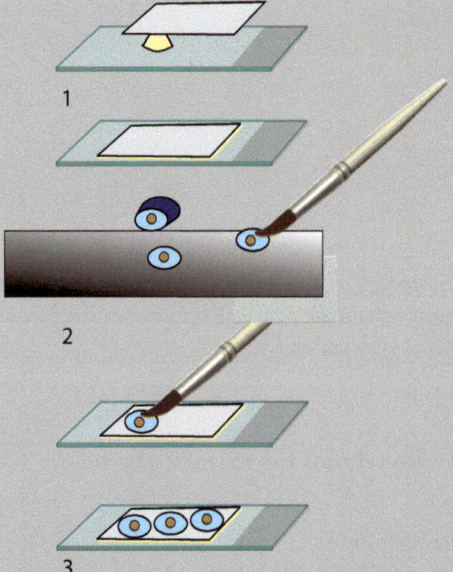

Durchführung eines Kryo-Prints. Die Reihenfolge der Schritte entspricht der im Text beschriebenen

1. Die Membran wird auf Deckglasgröße zugeschnitten. Man setzt sie vorsichtig auf einen Tropfen Gelmount, der mittig auf einem Objektträger platziert wurde. Die Membran saugt sich langsam voll und haftet auf dem Objektträger
2. die Kryostatschnitte werden mit einem feinen Pinsel auf die Membran übertragen. Rollen sich die Schnitte, werden sie umgedreht und mit dem Pinsel behutsam auf der Membran flach gedrückt
3. hat man genug Schnitte auf einem Objektträger, werden sie bei Raumtemperatur getrocknet; ihre Lage markiert man mit einem weichen Bleistift
4. vor Western- oder Northern-Tissue-Prints werden die Objektträger für 1–5 min in 0,3 % (v/v) Tween (im jeweiligen Puffer) gewaschen. Dabei lösen sich Schnitte und Objektträger von den Membranen.

Färben der Tissue-Prints   4

Die Tissue-Prints werden gefärbt (A3), um die Struktur des gedruckten Gewebes erkennen zu können. Dafür eignen sich Proteinfarbstoffe wie Coomassie-Blau.

Anleitung A3
Proteinfärbung der Tissue-Prints mit Coomassie-Blau

Material
- trockene Tissue-Prints
- Petrischalen
- stumpfe Pinzette
- Stereolupe oder Mikroskop zum Betrachten. Lösungen siehe Tabelle 1

Tabelle 1: Lösungen zur Coomassie Färbung

Färbelösung	Entfärbelösung
25 % (v/v) Isopropanol 10 % (v/v) Essigsäure 0,1 % (w/v) Coomassie Brilliantblau	25 % (v/v) Isopropanol 10 % (v/v) Essigsäure

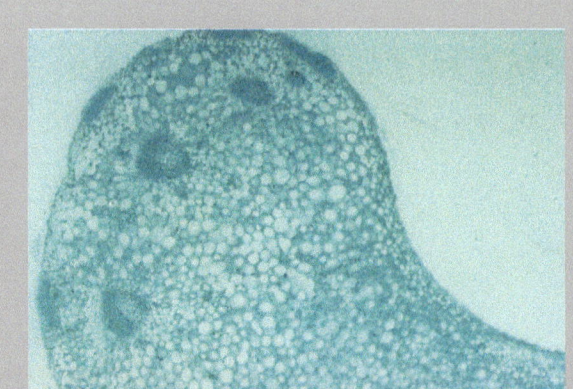

Tissue-Print eines Sellerie-Stängels gefärbt mit Coomassie-Blau

Durchführung
1. Die Membran wird für wenige Minuten in die Färbelösung gelegt. Die gesamte Membran erscheint blau gefärbt
2. kurzer Spülgang mit destilliertem Wasser
3. einlegen in Entfärbelösung, um den nicht an Proteine gebundenen Farbstoff zu entfernen
4. das Ergebnis wird mit einer Lupe oder dem Binokular kontrolliert und dokumentiert und mit der Anatomie auf den Schnitten verglichen

5 Nachweise an Tissue-Prints

Durch verschiedene Verfahren können die übertragenen Moleküle (z. B. Proteine und Nukleinsäuren aber auch kleine, diffusible Moleküle wie H_2O_2) und Enzymaktivitäten auf den Membranen sichtbar gemacht werden. Durch Vergleiche mit der Anatomie von Schnittpräparaten ist es möglich, sie mit hoher Sensitivität zu identifizieren und zu lokalisieren.

5.1 Western-Tissue-Print

Die Immunmarkierung von eingebetteten und geschnittenen Proben leidet darunter, dass die nachzuweisenden Proteine bis zur Antikörperinkubation Agenzien und Bedingungen ausgesetzt sind, die ihre Antigenität verändern. Damit wird häufig die Antikörperreaktion abgeschwächt oder verhindert. Dagegen bleiben beim Tissue-Print die Epitope normalerweise unverändert. Dies hat den Vorteil, dass die Primärantikörper wie beim Westernblot stark verdünnt eingesetzt werden können. Die Methode ist schnell, und man kann eine Vielzahl von Nachweisen parallel durchführen. Oftmals aber ist der Western-Tissue-Print auch die letzte und einzige Methode, empfindliche Proteine in einem Gewebe aufzufinden.

Die Lokalisation von Proteinen mit Hilfe von Antikörpern am Tissue-Print erfolgt wie beim Western-Blot (Caponi und Migliori 1999). Prinzipiell werden die gleichen Techniken verwendet wie bei der Immunmarkierung von lichtmikroskopischen Schnittpräparaten. Wie im Romeis (18. Aufl., 2010) ausführlich dargelegt, kann man dabei zwischen verschiedenen Nachweissystemen (z. B. direkter Immunnachweis unter Verwendung eines mit einem Marker gekoppelten Antikörpers gegen das zu lokalisierende Protein oder indirekter Immunnachweis, bei dem ein markierter zweiter, gegen den ersten gerichteten Antikörper eingesetzt wird) und unterschiedlichen Markern (z. B. Gold mit Silberverstärkung oder Enzyme) wählen. Um einen spezifischen Nachweis zu erhalten, müssen unspezifische Bindungsstellen abgedeckt (Blockierung), die jeweils optimalen Konzentrationen der Antikörper durch Einsatz unterschiedlicher Verdünnungen ermittelt und entsprechende Kontrollen eingesetzt werden. Die Dauer der Blockierung und der Antikörperinkubation ist abhängig von der gewählten Temperatur: normalerweise inkubiert man bei Raumtemperatur jeweils eine Stunde; bei 37 °C reichen 30 min aus; im Kühlschrank inkubiert man am besten über Nacht.

Western-Tissue-Prints werden auch eingesetzt, um in Vorversuchen zu Immunmarkierungen für Licht- und Elektronenmikroskopie die Antigenität der Proben nach Fixierung und Entwässerung zu überprüfen. Da hierbei die Strukturauflösung nicht wichtig ist, tupft man hierzu einfach mit einer frischen Schnittstelle der Probe auf eine PVDF-Membran, lässt das übertragene Material antrocknen und fixiert, wäscht und behandelt es dann wie es für das ganze Präparat geplant ist. Diese einfache Variante eignet sich auch, um eine große Anzahl von Proben von verschiedenen Genotypen zu untersuchen (Scott 2009; Wydra und Beri 2006).

Anleitung A 4
Indirekte Immunlokalisation am Tissue-Print (Western-Tissue-Print) mit AP-gekoppelten Antikörpern

Beim Western Tissue-Print ist der indirekte Immunnachweis über einen peroxidase- oder phosphatasegekoppelten 2. Antikörper am meisten verbreitet. In dem hier vorgestellten Beispiel handelt es sich um alkalische Phosphatase (AP), die das Substrat (hier NBT und BCIP) zu einem violetten Reaktionsprodukt umsetzt. Um auszuschließen, dass die Farbreaktion auf endogene (gewebeeigene) Enzyme zurück zu führen ist, sollte immer zumindest eine Kontrolle mit geführt werden, die nur mit dem 2. Antikörper behandelt wird. Zur Hemmung endogener Phosphatasen kann vor dem Enzymnachweis ein Waschschritt (5 min) mit 1 mM Levamisol im Waschpuffer eingefügt werden.

Material
- trockene Tissue-Prints
- sterile Gefäße (passend zur Größe der Prints)
- stumpfe Pinzette
- Einmalhandschuhe
- Schüttler
- Lupe oder Binokular zum Betrachten
- Lösungen siehe Tabelle 2

5.1 Western-Tissue-Print

Tabelle 2: Lösungen zum Western-Tissue-Print

Waschpuffer I	Waschpuffer II	Waschpuffer III
10 mM Tris-HCl (pH 8,0) 100 mM NaCl 0,5 % (v/v) Tween 20	10 mM Tris-HCl (pH 8,0) 100 mM NaCl 0,5 % (v/v) Tween 20 0,05 % (v/v) SDS	10 mM Tris-HCl (pH 8,0) 1 mM EDTA
Blockierpuffer	**AP-Puffer**	**Substratlösungen**
10 mM Tris-HCl (pH 8,0) 100 mM NaCl 4 % (w/v) Magermilchpulver 0,5 % (v/v) Tween 20	100 mM Tris-HCl (pH 9,5) 100 mM NaCl 5 mM $MgCl_2$	50 mg/ml NBT (Nitroblau-Tetrazolium-Salz, in 70 % Dimethylformamid) 50 mg/ml BCIP (5-Bromo-4-Chloro-3-Indolylphosphat in 100 % Dimethylformamid)

Durchführung

Bei allen Schritten sollten die Tissue-Prints gleichmäßig von den Lösungen bedeckt sein und langsam bei Raumtemperatur auf dem Schüttler bewegt werden. Will man mehrere Membranen markieren, ist es oft besser, sie einzeln durch die Lösungen zu führen, damit sie nicht zusammen kleben, was zu ungleichmäßiger Markierung führen kann.

1. Man legt den Tissue-Print in eine passende Schale oder ein Röhrchen und lässt ihn in Waschpuffer I für 1–15 min ziehen
2. die Flüssigkeit wird durch Blockierpuffer ersetzt und die Membran darin 1 h bei Raumtemperatur inkubiert
3. Puffer abgießen und den primären Antikörper, der vorher in Blockierpuffer verdünnt wurde, hinzugeben. Es ist sinnvoll, mehrere Prints parallel mit unterschiedlichen Verdünnungen (z. B. 1:10, 1:100, 1:1000) zu behandeln, um eine spezifische Markierung bei guter Auflösung zu erhalten. Der Antikörper sollte bei Raumtemperatur mindestens 1 h einwirken
4. durch viermaliges Waschen mit Waschpuffer I (Lösung jeweils austauschen) für jeweils 10 min wird nicht gebundener Antikörper entfernt
5. für 1 h bei Raumtemperatur wird in mit Blockierpuffer verdünntem 2. Antikörper (AP-gekoppelt) inkubiert. Die optimale Antikörperkonzentration liegt üblicherweise zwischen 1:100 bis 1:2000 und sollte durch Verdünnungsreihen ermittelt werden
6. für 10 min mit Waschpuffer I waschen
7. für je 15 min zweimal mit Waschpuffer II waschen. Der SDS-haltige Puffer entfernt gründlich nicht gebundene Antikörper
8. 10 min mit Waschpuffer I behandeln

9. für 10 min in AP-Puffer überführen
10. in einer Petrischale 10 ml AP-Puffer mit 45 µl NBT- und 35 µl BCIP-Stammlösung mischen. Immunmarkierten Tissue-Print hinein legen und beobachten. Die violette Farbreaktion wird nach 1–10 min sichtbar. Zum Vergleich sollte gleichzeitig eine Kontrolle (z. B. ohne Behandlung mit Primärantikörper) mit behandelt und beobachtet werden
11. die Farbreaktion wird in Waschpuffer III (5 min) gestoppt
12. nach mehrmaligem Waschen in Aqua dest. kann die Membran getrocknet werden. Sie sollte trocken und dunkel aufbewahrt werden
13. das Ergebnis wird mit der Anatomie der vom gleichen Präparat entnommenen Schnitte verglichen und dokumentiert

5.2 Northern-Tissue-Print

Mit einem Northern-Tissue-Print kann man die Expression bestimmter Gene im Gewebe in der Übersicht darstellen. Die Methode ist schneller und einfacher, die Auflösung jedoch geringer als die *in situ*-Hybridisierung am Schnitt (siehe z. B. Romeis, 18. Aufl., 2010). Auswahl und Herstellung der Sonden, Lösungen, Detektionssysteme, Kontrollen sowie die prinzipiellen Schritte sind im Detail im Romeis (18. Aufl., 2010) beschrieben. Je nach Material müssen die Lösungen, Zeiten und Temperaturen variiert werden, um ein optimales Ergebnis zu erhalten. Für die Durchführung mit RNA-Sonden gelten die gleichen Vorsichtsmaßnahmen wie bei der *in situ*-Hybridisierung (siehe Romeis, 18. Aufl., 2010): Lösungen, Geräte und Gefäße müssen RNase-frei sein. Für das Verfahren sollten Tissue-Prints auf Nylon-Membranen verwendet werden. Um die Nukleinsäuren auf der Membran zu fixieren, wird die luftgetrocknete Membran für ca. 2 h bei 80 °C gebacken.

Anleitung A5
RNA-Lokalisation am Tissue-Print mit Digoxigenin-markierten RNA-Sonden

Material
- „gebackene" Tissue-Prints auf Nylonmembran
- RNase-freie Petrischalen
- RNase-freie, stumpfe Pinzette

- genau temperierbares Wasserbad oder Wärmschrank
- Schere
- unbenutzte, entfettete Rasierklingen
- Einmalhandschuhe
- Auflichtmikroskop zum Betrachten
- Lösungen siehe Tabelle 3

Tabelle 3: Lösungen zum Northern-Tissue-Print

Waschpuffer I	Waschpuffer II	Waschpuffer III
0,2● SSC 1 % (v/v) SDS	2● SSC 1 % (v/v) SDS 10 mM DTT	0,2● SSC 1 % (v/v) SDS 10 mM DTT
Hybridisierungspuffer	**Blockierpuffer**	**Detektionslösungen**
Waschpuffer I 0,1 mg/ml Heringssperma-DNA 5● Denhardt-Lösung	10 mM Tris-HCl (pH 8,0) 100 mM NaCl 4 % (w/v) Magermilchpulver 0,5 % (v/v) Tween 20	AP-Puffer (Tabelle 11.2) NBT-BCIP (Tabelle 11.2)

Durchführung

1. Die Membran wird in eine Petrischale mit Waschpuffer I gelegt und für 4 h bei 65 °C inkubiert
2. Membran in Hybridisierungspuffer überführen und für 2 h bei 68 °C inkubieren
3. digmarkierte RNA-Sonde für 3 min bei 90 °C denaturieren, in Eis abkühlen und in Hybridisierungspuffer verdünnen (0,1–0,5 ng/ml). Membran darin für 20 min bei 50 °C inkubieren
4. Membran 3 ● bei 42 °C für jeweils 20 min in Waschpuffer II waschen
5. zweimal für jeweils 30 min bei 65 °C in Waschpuffer III waschen
6. Detektion der Sonde über einen AP-gekoppelten Anti-Digoxigenin-Antikörper (siehe Romeis, 18. Aufl., 2010)
7. das Ergebnis wird mit einer Lupe oder dem Binokular kontrolliert, mit der Anatomie auf den Schnitten verglichen und dokumentiert

5.3 Lokalisation von Enzymaktivität am Tissue-Print

Der Enzymnachweis wird wie am Schnittpräparat durchgeführt (Romeis, 18. Aufl., 2010). Da die Enzyme auf der Membran aus frischem Zellmaterial stammen, bleibt die Enzymaktivität auf dem Tissue-Print normalerweise sehr gut erhalten. Für die

Spezifität des Nachweises ist die Wahl des passenden Substrates, der optimalen Inkubationsbedingungen (Temperatur, pH, Ionenkonzentration) und aussagekräftiger Kontrollen entscheidend. In Pflanzen wurden Tissue-Prints bislang z. B. genutzt, um Amylase, Protease, Peroxidase (Varner und Ye 1994) und Myrinase (Hara et al. 2001) zu lokalisieren.

Anleitung A6
Nachweis von endogener Peroxidaseaktivität am Tissue-Print
Der folgende Peroxidase-Nachweis wird bei Raumtemperatur durchgeführt.

Material
Es wird das gleiche Material benötigt, wie unter A4 beschrieben. Lösungen siehe Tabelle 4.

Tabelle 4: Lösungen zum Peroxidasenachweis am Tissue-Print

Chlornaphthol-Stammlösung	H_2O_2-Stammlösung
3 % (w/v) 4-Chlor-1-naphthol in 95 % (v/v) Ethanol	3 % (v/v) H_2O_2 in H_2O
Puffer	**Substratlösung**
0,05 M Tris-HCl (pH 7,6)	0,1 ml Chlornaphthol-Stammlösung in 10 ml Puffer lösen 0,1 ml H_2O_2-Stammlösung unter Rühren hinzugeben

5.3 Lokalisation von Enzymaktivität am Tissue-Print

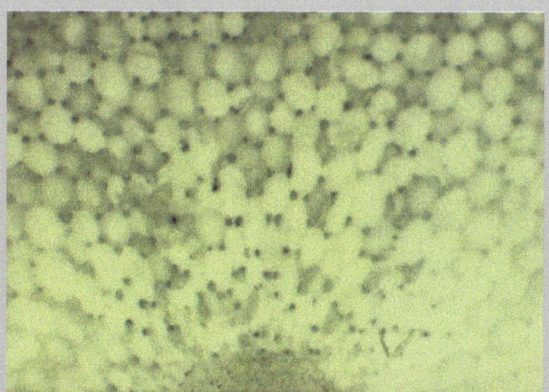

Peroxidase-Nachweis am Tissue-Print eines Sellerie-Stängels

Durchführung
1. Die Substratlösung muss vor Gebrauch filtriert werden (Faltenfilter), um den weißen Niederschlag zu entfernen
2. die Membran wird in der klaren Substratlösung unter gelegentlichem Umschwenken für 10–40 min inkubiert Dabei wird Chlornaphthol mit Hilfe der Peroxidase zu einem violetten Produkt umgesetzt, das gut sichtbar ist
3. um die Reaktion zu beenden, wird die Membran mehrmals in destilliertem Wasser gewaschen
4. das Ergebnis wird mit einer Lupe oder dem Binokular kontrolliert und dokumentiert und mit der Anatomie auf den Schnitten verglichen

Literatur

Originalartikel

Angelucci A, Pace G, Sanita P, Vicentini C, Bologna M (2011) Tissue print of prostate biopsy: a novel tool in the diagnostic procedure of prostate cancer. Diagn Pathol 6:34
Conley AC, Hanson MR (1997) Cryostat tissue printing: an improved method for histochemical and immuncytochemical localisation in soft tissues. Bio Tech 22:488–496
Daoust R (1957) Localization of desoxyribonuclease in tissue sections. A new approach to the histochemistry of enzymes. Exp Cell Res 12:203–211
Gaston SM, Upton MP (2006) Tissue print micropeel: a new technique for mapping tumor invasion in prostate cancer. Curr Urol Rep 7(1):50–56
Gaston SM, Soares MA, Siddiqui MM, Vu D, Lee JM, Goldner DL, Brice MJ, Shih JC, Upton MP, Perides G, Baptista J, Lavin PT, Bloch BN, Genega EM, Rubin MA, Lenkinski RE (2005) Tissue-print and print-phoresis as platform technologies for the molecular analysis of human surgical specimens: mapping tumor invasion of the prostate capsule. Nat Med 11:95–101
Hara M, Eto H, Kuboi T (2001) Tissue printing for myrosinase activity in roots of turnip and Japanese radish and horseradish: a technique for localizing myrosinases. Plant Sci 160:425–431
Olmos A, Dasi MA, Candresse T, Cambra M (1996) Print-capture PCR: a simple and highly sensitive method for the detection of Plum pox virus (PPV) in plant tissues. Nucleic Acids Res 24:2192–2193
Scott MP (2009) Tissue-print immunodetection of transgene products in endosperm for high-throughput screening of seeds. Methods Mol Biol 526:123–8
Schopfer P (1994) Histochemical demonstration and localization of H_2O_2 in organs of higher plants by tissue printing on nitrocellulose paper. Plant Physiol 104:1269–1275
Taylor R, Inamine G, Anderson JD (1993) Tissue Printing as a tool for observing immunological and protein profiles in young and mature celery petioles. Plant Physiol 102:1027–1031
Varner JE, Ye Z (1994) Tissue printing. FASEB J 8:378–384
Wydra K, Beri H (2006) Structural changes of homogalacturonan, rhamnogalacturonan I and arabinogalactan protein in xylem cell walls of tomato genotypes in reaction to *Ralstonia solanacearum*. Physiol Mol Plant Pathol 68:41–50

Zusammenfassende Literatur

Caponi L, Migliori P (1999) Antibody usage in the lab. Springer, Berlin
Pont-Lezica RF (2009) Localizing proteins by tissue printing. Methods Mol Biol 536:75–88
Ruzin SE (1999) Plant microtechnique and microscopy. Oxford University Press, Oxford, S 190–193
Taylor R (2000) The fixation of chemical forms on nitrocellulose membranes. In: Dashek WV (Hrsg) Methods in plant electron microscopy and cytochemistry. Humana Press Inc., Totowa, S 101–111

MIX
Papier aus verantwortungsvollen Quellen
Paper from responsible sources
FSC® C105338

If you have any concerns about our products,
you can contact us on
ProductSafety@springernature.com

In case Publisher is established outside the EU,
the EU authorized representative is:
**Springer Nature Customer Service Center GmbH
Europaplatz 3, 69115 Heidelberg, Germany**

Printed by Libri Plureos GmbH
in Hamburg, Germany